フライパンで作れる
まあるいクッキーとタルトとケーキ

免烤箱！平底鍋
做出世界級甜點

若山曜子——著

吳亭儀——譯

前言

小時候，我們家是沒有烤箱的。

無論是製作可愛的餅乾，還是柔軟蓬鬆的蛋糕，都必須使用烤箱。
每當我翻閱媽媽的食譜時，心裡總會想著：「啊～如果有烤箱就好了！」

上了國中以後，我還對家人吵著說：「買烤箱給我當作未來三年的生日禮物！」
在家裡有烤箱之前，當時我用來烤出怪異點心的工具是什麼？
沒錯，就是平底鍋。
如果我能把這本食譜送給當時的自己，那該有多好。

我想告訴當時的自己：「只要在平底鍋裡攪拌混合材料，就能做出餅乾！」、「無論是法式經典巧克力蛋糕、紐約起司蛋糕，還是香蕉蛋糕，都可以做得很好吃，甚至好吃到你不說，就沒有人知道這是用平底鍋做出來的！」
這就是我現在的心情。

在這本書當中，食譜內的火候僅以極小火、中火來表示。
因為每個人家中爐具的口徑、平底鍋的材質及厚度不同，火候也必須有所調整。
請大家根據平常使用的爐具及平底鍋，試著自行調整烘烤的熟度與時間。
只要掌握到訣竅，無論是像小時候的我一樣，家裡沒有烤箱也想做甜點的人、或覺得使用烤箱很麻煩的人、甚至是經常使用烤箱的人，都會感覺到烘焙點心變成一件更加容易的事。

在忙碌的每一天，只要想做就能動手做，隨時享受烘焙的樂趣。
輕輕鬆鬆地滿足家人的期待。
如果這本書能成為一本能實現這些願望的甜點書，我就很開心了！

若山曜子

2

CONTENTS

02　前言

06　製作甜點的平底鍋及必備器具

 *Frying pan cookies*

用平底鍋烤餅乾

 *Frying pan tarts*

用平底鍋烤甜塔

10　板巧克力堅果餅乾

14　奶油酥餅

16　雙倍巧克力覆盆子餅乾

18　椰絲檸檬餅乾

20　花生水果雙醬餅乾三明治

22　奶油起司柑橘醬餅乾

24　杏仁杏桃餅乾

26　梅乾紅茶餅乾

28　鹹香起司餅乾

　　藍紋起司蜂蜜餅乾

30　蜂蜜全麥餅乾

31　薑味餅乾

32　無花果蘭姆酒香餅乾

　　燕麥餅乾

34　煉乳糖霜抹茶餅乾

38　無花果塔

42　法式蘋果塔

44　馬斯卡彭蜜桃塔

46　藍莓乳酪塔

48　洋梨巧克力塔

　　香橙焦糖塔

50　翻轉蘋果塔

Part.
3

Frying pan cakes

用平底鍋烤蛋糕

54　香蕉蛋糕

58　紅蘿蔔蛋糕

60　紐約起司蛋糕

61　蘭姆酒香咖啡起司蛋糕

62　法式經典巧克力蛋糕

64　焦糖香蕉巧克力蛋糕

66　鳳梨翻轉蛋糕

68　柿子蘋果翻轉蛋糕

70　栗子蛋糕

72　葡萄柚芒果克拉芙緹

74　楓糖南瓜蛋糕

76　香橙糖霜蛋糕

78　烤地瓜費南雪（生薑口味）

79　覆盆子瑪德蓮

80　白蘭地蛋糕

82　咖啡歐蕾麵包布丁

83　葡萄蛋糕

84　惡魔蛋糕

86　手感 × 好感

　　平底鍋甜點包裝法

本書的使用說明

・1小匙＝5毫升、1大匙＝15毫升。

・微波爐的加熱時間以600瓦為基準進行調整。

・書內所使用的奶油，皆為無鹽奶油。

・雞蛋為中型蛋大小，去殼後重量約為50公克左右。

・使用平底鍋時，請詳閱說明書。

・加熱時間會因平底鍋與爐具的特性有所差異，使用時請觀察烘焙狀況並適時進行調整。

製作甜點的平底鍋及必備器具

本書不使用烤箱，而是以一般家用的小型平底鍋來烘烤甜點。
除了一部分的蛋糕以外，幾乎所有甜點的麵團都能直接在平底鍋裡混合完成，
減少需要清洗的杯盤器具，更能輕鬆地享受烘焙的樂趣。
首先介紹這本書的主角：平底鍋以及其他必備的道具。
這些器具都是一般家庭在料理時，就會經常使用得到的。

深度（高度）約5公分

外徑：20～22公分

內徑：約16公分

平底鍋具挑選重點

- 使用直徑（外徑）約 20～22 公分左右，略為小型的平底鍋。

- 不需要使用鐵製平底鍋，選擇一般鐵氟龍（Teflon）的平底鍋就可以。

- 當然，也可以使用鐵製鍋具。由於書內的點心材料都要在鍋內混合麵團，加入奶油後會變黏，變得難以黏附。如果有沾黏的可能，請依照食譜的教學，先在鍋底鋪上料理紙。

- 烘烤出來的點心尺寸等同於平底鍋的內徑，但是麵團在烘烤過程中會變膨高，必須預留空間。若是平底鍋內徑太小，使得麵團變厚，可能火力會難以烤透。因此，請選擇內徑尺寸不低於 15 公分的平底鍋。

- 平底鍋的深度約 5 公分左右最適合。如果鍋子太深，會很難處理麵團；若太淺，則很難做出麵團的厚度。

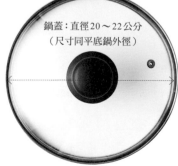

鍋蓋：直徑20～22公分
（尺寸同平底鍋外徑）

其他器具

調理盆

製作蛋糕麵團時使用。餅乾和塔類大部分都在平底鍋內製作麵團。如果家裡有小型的耐熱容器更方便。

篩網

為了讓粉類能均勻地加入材料中，必須使用篩網。若一口氣將過篩後的所有粉末倒入材料中很容易結塊，因此，必須一邊過篩一邊慢慢加入。

大型平底鍋

一般家用、直徑約 28 公分左右的平底鍋。用於蛋糕翻面時，將之放在小平底鍋上，上下翻轉進行翻面。

烤網

麵團必須盡可能用最小的火力烘烤。在火力難以調弱、或平底鍋底部太薄的狀況下，可以在爐火上先架上烤網，再放上平底鍋，均勻分散火力，避免直火烘烤。

橡皮刮刀

在平底鍋內混合粉類材料時，若使用打蛋器會使材料四處飛散，用橡皮刮刀輕壓拌合，就能避免材料四散。選擇耐熱材質，更能安心使用。

打蛋器

用於製作塔類與蛋糕上的發泡鮮奶油。混合黍砂糖①與奶油時，使用打蛋器會比橡皮刮刀方便。

刮平刀或鍋鏟

方便取出在平底鍋中製作的麵團。由於要將刮平刀（或稱抹刀）從平底鍋的邊緣沿著底端插入，因此有彈性的材質更為適合。若是選用鍋鏟，請選擇輕薄可彎曲的設計。

料理紙

製作類似蛋糕這類容易沾鍋的料理時，裁剪適當的長度鋪於鍋中使用。若因平底鍋的特性本身較容易造成沾黏，製作餅乾時也可以鋪上料理紙。

① 書中所用黍砂糖，是一種甘蔗砂糖，色偏淡黃（介於白糖與茶黃色的「三溫糖」間），可以台灣二號砂糖，或以三溫糖替代。

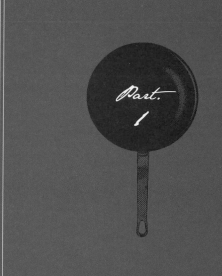

Frying pan cookies

用平底鍋
烤餅乾

沒烤箱，就不能烤餅乾？沒這回事。
用平底鍋烤出來的餅乾，同時擁有酥
脆與濕潤柔軟的雙重口感，全新滋味
值得品嚐。隨心所欲加入喜歡的材料，
自由地切出喜歡的形狀，盡情享受烘
焙餅乾的樂趣！

板巧克力堅果餅乾

從餅乾麵團的製作到烘烤過程，
都能在平底鍋內完成，
是平底鍋餅乾的最大魅力。
把奶油融化後，
陸續加入砂糖、蛋與粉類材料攪拌，
再放上喜歡的配料，
最後，只要慢慢烘烤即可。
首先，就用大家最喜歡的巧克力來做做看吧！

材料（平底鍋底部直徑約16公分，一鍋的分量）

奶油……40克

黍砂糖……30克

蛋液……1/2顆蛋

低筋麵粉……90克

泡打粉……1/3小匙

鹽……少許

板巧克力（純巧克力、白巧克力等）……共50克

烘焙堅果（杏仁、核桃等）……隨意（依個人喜好添加）

肉桂粉……少許

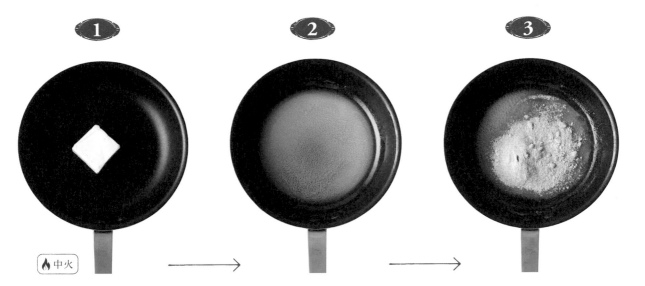

奶油放入平底鍋，開中火

奶油若是太大塊會融化速度不一，因此可以先將奶油分切成 2～3 小片再放入平底鍋。

🔥 中火

奶油開始融化後關火，用鍋中的餘熱融化奶油

只要奶油的周圍一開始融化，就會迅速化開，因此要盡快關火，最重要的是不要讓奶油燒焦。除非發現奶油沒有完全融化，只要再稍微加熱一下即可。

加入黍砂糖與奶油混合

在關火的狀態下，將黍砂糖加入融化的奶油當中，並用橡皮刮刀攪拌至拌勻。

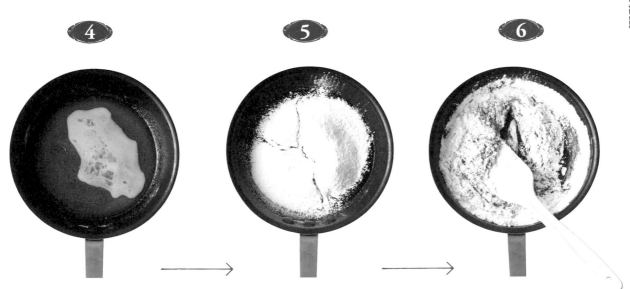

冷卻至體溫左右，加入蛋液

把步驟 3 放涼再加入蛋液，可以用手觸摸不覺得熱的狀態就可以。如果還有餘溫就加入蛋液，小心會變得像炒蛋。至於剩下的半顆蛋液，就用來做其他料理吧！

把所有粉類材料過篩並加入鍋中

接著把低筋麵粉、泡打粉和鹽一起過篩，加入平底鍋。製作不同點心所加入的材料也不同，有時會需要加入可可粉等其他的粉類材料。

用像切東西般的手勢拌勻材料

不要揉麵團，用橡皮刮刀以切直線的方式混合材料。因為粉類很容易飛得到處都是，因此手要輕、慢慢攪拌即可。

How to make cookies

所有材料完全拌勻就好

拌勻的麵團充滿光澤，就完成了。

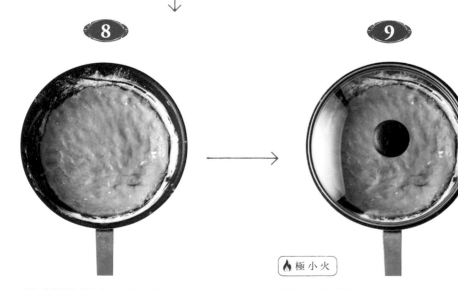

8

用手指推麵團，延展成一個圓形

用手指從正中間向外側鍋邊推展麵團，中間部分較不容易熟透，要稍微再推薄一點。

9

🔥 極小火

開極小火烘烤10分鐘

蓋上鍋蓋，開最小火慢慢烘烤麵團。盡可能以最小的火力進行烘烤，如果火力不好控制，可以在火上架烤網，讓平底鍋和火之間維持一段距離。另外，請不要用集中的小火，改以大一點的爐具開大範圍的弱火來烘烤。

How to make cookies

Finish!

12 　[🔥 極小火] ▶ [冷　卻]

**不用蓋鍋蓋，開極小火烘烤約
10分鐘左右即可完成，關火後
直接放涼**

最後，為了烘乾餅乾，請維持開蓋的狀態，
持續用小火烘烤。餅乾在冷卻前很容易碎
裂，因此關火後，讓餅乾繼續放在平底鍋
內冷卻。最後，撒上肉桂粉就完成了！

10

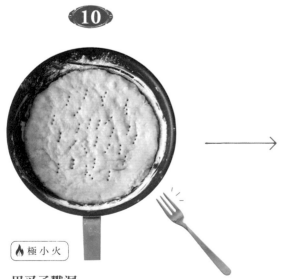

[🔥 極小火]

用叉子戳洞

烘烤 10 分鐘後打開鍋蓋，在較難熟透
的中心部分用叉子戳出一些小洞。這
樣麵團才能更快地均勻受熱。

→

11

[🔥 極小火]

放上配料

隨意加入折斷的板巧克力、堅果類材料，
愛吃什麼、愛吃多少，只要放上去就好，
這就是用平底鍋烤餅乾的魅力！

13

奶油酥餅

這是一道非常簡單的英國點心。
不加任何配料，盡情享用奶油的單純風味。
或是抹上喜歡的果醬，搭配奶茶一起享用。
是一道適合在下午茶時間享用的溫柔滋味。

材料 （平底鍋底部直徑約16公分，一鍋的分量）

奶油……50克
糖粉……25克
低筋麵粉……90克
泡打粉……1/3小匙

做法

1　奶油放入平底鍋，開中火。奶油開始融化後請盡
　　快關火，用鍋中的餘熱融化其餘部分。

2　奶油放涼至體溫的溫度時，加入糖粉，用橡皮刮
　　刀攪拌均勻。

3　將低筋麵粉及泡打粉，一邊過篩一邊加入鍋中，
　　並用像切東西般的手勢拌勻材料。

4　所有材料拌勻後，用手指把麵團推平，中央稍微
　　推薄一點。用叉子在麵團中央戳出數個小洞，
　　並沿著麵團邊緣壓出形狀。

5　蓋上鍋蓋，以小火烘烤麵團約10分鐘。打開鍋
　　蓋，再用叉子在麵團上戳出幾個小洞，之後維
　　持開蓋的狀態繼續烘烤約10分鐘。

6　趁餅乾仍有溫熱時，以鍋鏟將平底鍋中的餅乾平
　　均切為八等分，在平底鍋中放涼。

雙倍巧克力覆盆子餅乾

這道餅乾的口感就像是底部酥脆、中間濕軟的布朗尼。
融化後直接放涼硬化的巧克力，令人食指大動。
除了可以選用覆盆子果醬，也可以用略帶苦味的柑橘醬來
調整餅乾的滋味。

材料 （平底鍋底部直徑約16公分，一鍋的分量）

奶油……40克
黍砂糖……20克
蛋液……1/2顆蛋
低筋麵粉……80克
無糖可可粉……10克
泡打粉……1/2小匙（2克）
巧克力……30克
覆盆子醬……2大匙

做法

1 奶油放入平底鍋內，開中火。奶油開始融化後盡
　快關火，用鍋中的餘熱融化奶油。

2 奶油放涼至體溫的溫度時，加入黍砂糖，用橡皮
　刮刀攪拌均勻，加入蛋液繼續攪拌。

3 將低筋麵粉、可可粉和泡打粉，一邊過篩一邊加
　入鍋中，並用橡皮刮刀以切的手勢拌勻材料。

4 所有材料拌勻後，用手指推平麵團，中央部分稍
　微推薄一點。蓋上鍋蓋，以小火烘烤麵團約10
　分鐘。

5 打開鍋蓋，用叉子在麵團上戳出幾個小洞，並隨
　意撒上切好的巧克力及果醬。維持開蓋的狀態
　繼續烘烤約10分鐘。

6 直接在平底鍋中放涼。

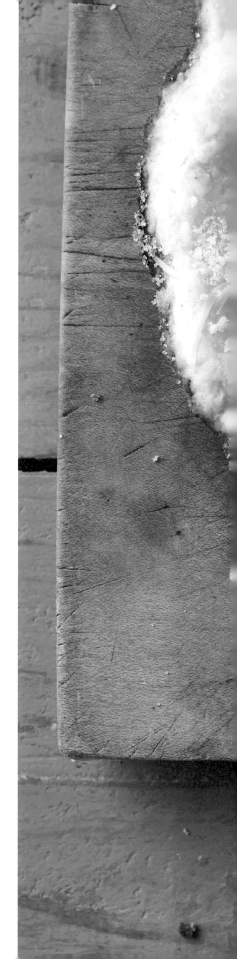

椰絲檸檬餅乾

檸檬的香氣，主要來自於果皮。
這款餅乾除了淋上自家熬煮的檸檬糖漿，另外撒上混合檸檬皮
與細砂糖的檸檬砂糖粉，更是美味的重點。
沙沙又爽脆的口感也更添美味，是一道相當有存在感的餅乾！

材料（平底鍋底部直徑約16公分，一鍋的分量）

〔檸檬糖漿〕

檸檬……1/2個

細砂糖……50克

水……50毫升

磨碎的檸檬皮……1/2個檸檬果皮

細砂糖……40克

奶油……40克

蛋液……1/2顆蛋

低筋麵粉……90克

泡打粉……1/3小匙

椰絲……30克

事前準備

● 把檸檬切成非常薄的
片狀，加入細砂糖和
水一起熬煮，用鍋中
蓋②直接壓在食材上
熬煮2～3分鐘。

② 鍋中蓋（落としぶた）：比鍋緣更小的蓋子，煮東西時能防止食材煮爛，
同時讓食物更加入味，有木製或金屬製。也可用料理紙或鋁箔紙代替，配
合鍋子大小裁切好尺寸，再戳幾個洞蓋在食物上。

做法

1　把磨碎的檸檬皮和細砂糖拌勻，做成檸檬砂糖粉（**a**）。

2　奶油放入平底鍋，開中火。奶油開始融化後請盡快關火，用鍋
中的餘熱融化奶油。

3　奶油放涼至體溫的溫度時，加入3/4份量的檸檬砂糖粉（步驟
1），用橡皮刮刀攪拌均勻。加入蛋液後，繼續攪拌。

4　將低筋麵粉及泡打粉一邊過篩一邊加入鍋中，用像切東西般的
手勢拌勻材料。

5　所有材料拌勻後，用手指把麵團推平，中央稍微推薄一點。

6　蓋上鍋蓋，以極小火烘烤麵團約10分鐘。之後，撒上步驟1剩
下的檸檬砂糖粉、椰絲，以及熬煮好的檸檬糖漿，維持開蓋
的狀態再烘烤約10分鐘。

7　直接在平底鍋中放涼。

a
自製的檸檬砂糖粉，帶有檸檬
香氣，加入紅茶也很好喝。

花生水果雙醬
餅乾三明治

在花生醬中加入小蘇打粉的關係，
讓這款餅乾烘烤後口感格外酥脆。
除了搭配酸味扎實的果醬，在餅乾還溫熱時夾入巧克力，
也能享用令人難以招架的濃郁口感。

材料 （平底鍋底部直徑約16公分，一鍋的分量）

奶油……20克

花生醬……35克

黍砂糖……30克

低筋麵粉……90克

泡打粉……1/3小匙

小蘇打粉……一小撮

果醬（可依個人喜好，示範照片為覆盆子果醬）……1大匙

做法

1　奶油放入平底鍋，開中火。奶油開始融化後盡快
　　關火，用鍋中的餘熱融化奶油。

2　加入花生醬，用橡皮刮刀攪拌均勻後，加入黍砂
　　糖繼續攪拌。

3　將低筋麵粉、泡打粉和小蘇打粉一邊過篩一邊加
　　入鍋中，並用像切東西般的手勢拌勻材料。

4　所有材料拌勻後，用手指把麵團推平，中央稍微
　　推薄一點。

5　蓋上鍋蓋，以極小火烘烤麵團約10分鐘。打開鍋
　　蓋，用叉子在麵團上戳出幾個小洞，維持開蓋
　　的狀態繼續烘烤約10分鐘。

6　趁餅乾仍溫熱時，將平底鍋中的餅乾對半切開，
　　並直接在鍋中放涼。

7　在切好的其中一面餅乾上塗果醬，疊在另一塊餅
　　乾上，再切成方便食用的大小。

奶油起司柑橘醬餅乾

由於麵團中加入了奶油起司，讓餅乾帶著些許鹹鹹的香氣，吃起來口感相當輕盈蓬鬆。

餅乾上有隨意融化的起司做為配料，與略帶苦味的柑橘醬也是絕佳組合。不妨在早餐時享用看看。

材料 （平底鍋底部直徑約16公分，一鍋的分量）

奶油……40克

細砂糖……20克

奶油起司……60克

蛋液……1/2顆蛋

低筋麵粉……90克

泡打粉……1/3小匙

柑橘醬……2大匙

事前準備

• 奶油起司放在室溫下軟化。

做法

1 奶油放入平底鍋，開中火。奶油開始融化後盡快關火，用鍋中的餘熱融化奶油。

2 奶油放涼至體溫的溫度時，加入細砂糖與一半的奶油起司，用橡皮刮刀攪拌均勻後，加入蛋液繼續攪拌。

3 將低筋麵粉及泡打粉一邊過篩一邊加入鍋中，並用像切東西般的手勢拌勻材料。

4 所有材料拌勻後，用手指把麵團推平，中央稍微推薄一點。蓋上鍋蓋，以極小火烘烤麵團約10分鐘。

5 打開鍋蓋，用叉子在麵團上戳出幾個小洞，將剩下的奶油起司均勻抹上（a）。不蓋鍋蓋，烘烤約10分鐘。

6 直接在平底鍋放涼，再淋上柑橘醬就完成了。

a
用湯匙隨意地將奶油起司塗抹在麵團上即可。

杏仁杏桃餅乾

杏桃（apricot）與杏仁的香氣和酸甜滋味，明明有些微差異，卻因為同屬薔薇科的關係，同時加入餅乾中，意外地氣味相投，真是不可思議。

這裡我們會在麵團裡加入杏仁粉，帶出更濃醇的味道，讓杏仁與杏桃的風味更加契合。

材料 （平底鍋底部直徑約16公分，一鍋的分量）

杏桃乾……40克
杏仁片……20克
奶油……40克
細砂糖……30克
蛋液……1/2顆蛋
低筋麵粉……100克
杏仁粉……20克
泡打粉……1/2小匙（2克）

做法

1　將杏桃乾切成7公釐左右的塊狀，用熱水快速燙過。杏仁片則用平底鍋炒香。

2　奶油放入平底鍋，開中火。奶油開始融化後盡快關火，用鍋中的餘熱融化奶油。

3　奶油放涼至體溫的溫度時，加入細砂糖，用橡皮刮刀攪拌均勻後，加入蛋液繼續攪拌。

4　將低筋麵粉、杏仁粉和泡打粉一邊過篩一邊加入鍋中，並用像切東西般的手勢拌勻材料。

5　所有材料拌勻後，用手指把麵團推平，中央稍微推薄一點。將步驟1處理好的杏桃乾鑲入麵團中，撒上杏仁片。蓋上鍋蓋，以極小火烘烤麵團約10分鐘。

6　打開鍋蓋，用叉子在麵團上戳出幾個小洞後，維持開蓋的狀態繼續烘烤約10分鐘。

7　直接在平底鍋中放涼。

梅乾紅茶餅乾

即使是平底鍋，也可以烤出尺寸較小的餅乾。
利用大一點的平底鍋，製作小巧的餅乾吧！
在加了茶葉的酥脆麵團裡，放上吸飽紅茶的梅乾，
就像製作果醬餅乾一樣。

材料（直徑約5公分的餅乾10～12片）

〔紅茶梅乾〕

梅乾……40克
泡得很濃的紅茶（伯爵茶）……50毫升
黍砂糖……1大匙
奶油……40克

黍砂糖……30克
蛋液……1/2顆蛋
低筋麵粉……90克
泡打粉……1/3小匙
鹽……少許
紅茶茶葉（伯爵茶）……1個茶包的分量

事前準備

● 把梅乾切成容易入口
  的大小，與紅茶、黍
  砂糖一起放入耐熱容
  器當中，用微波爐加
  熱30秒後放涼。

做法

1 奶油放入大型平底鍋，開中火。奶油開始融化後盡快關
  火，用鍋中的餘熱融化奶油。

2 奶油放涼至體溫的溫度時，加入黍砂糖，用橡皮刮刀攪
  拌均勻後，加入蛋液繼續攪拌。

3 將低筋麵粉、泡打粉和鹽一邊過篩一邊加入鍋中，等紅
  茶茶葉也入鍋後，用像切東西般的手勢拌勻材料。

4 把步驟3的麵團分成10～12等分，捏成圓餅狀，在每個
  圓餅中央壓出凹槽，鑲入切好的紅茶梅乾（**a**）。

5 蓋上鍋蓋，以極小火烘烤麵團約10分鐘。時間到後打開
  鍋蓋，繼續烘烤約10分鐘。

6 把所有餅乾翻面後，直接在平底鍋中放涼（**b**）。

a   b

鹹香起司餅乾

（照片上方）

這一款餅乾，即使是用便利商店就買得到的起司粉來製作，也能做出一樣鹹甜好吃的餅乾零嘴。藉由將細砂糖減量，烘烤出像是蘇打餅的口味。如果再加上生火腿，就能成為一道適合下酒的大人風味甜點。

材料 （平底鍋底部直徑約16公分，一鍋的分量）

奶油……30克
細砂糖……30克
蛋液……1/2顆蛋
低筋麵粉……90克
泡打粉……1/2小匙（2克）
起司粉……30克
喜歡的果乾、黑胡椒（依個人喜好添加）……各適量

做法

1 奶油放入平底鍋，開中火。奶油開始融化後盡快關火，用鍋中的餘熱融化奶油。

2 奶油放涼至體溫的溫度時，加入細砂糖，用橡皮刮刀攪拌均勻後，加入蛋液繼續攪拌。

3 將低筋麵粉和泡打粉一邊過篩一邊加入鍋中，起司粉也入鍋後，用像切東西般的手勢拌勻材料。

4 所有材料拌勻後，用手指把麵團推平，中央部分稍微推薄一點，再用叉子在麵團上戳出幾個小洞。

5 蓋上鍋蓋，以極小火烘烤麵團約10分鐘後，再次用叉子在麵團上戳洞，維持開蓋的狀態繼續烘烤約10分鐘。

6 直接在平底鍋中放涼。上桌時，依個人喜好撒上果乾和黑胡椒就完成了！

藍紋起司蜂蜜餅乾

（照片下方）

風味強烈的藍紋起司搭配蜂蜜，可以恰如其分地收斂蜂蜜的甜味。松子煎出香氣後，成為這道餅乾的口感重點，讓人想把一整鍋的餅乾，直接端到家庭派對裡分享。這也是一道相當適合與紅酒搭配食用的鹹味餅乾。

材料 （平底鍋底部直徑約16公分，一鍋的分量）

松子……1～2大匙
奶油……30克
蜂蜜……1大匙
蛋液……1/2顆蛋
低筋麵粉……90克
泡打粉……1/2小匙（2克）
鹽……少許
藍紋起司……30克
蜂蜜（最後裝飾用）……適量

做法

1 先把松子放入鍋中煎出香氣。

2 奶油放入平底鍋，開中火。奶油開始融化後盡快關火，用鍋中的餘熱融化奶油。

3 奶油放涼至體溫的溫度時，加入蜂蜜，用橡皮刮刀攪拌均勻後，加入蛋液繼續攪拌。

4 將低筋麵粉、泡打粉和鹽一邊過篩一邊加入鍋中，並用像切東西般的手勢拌勻材料。

5 所有材料拌勻後，用手指把麵團推平，中央稍微推薄一點。撒入步驟1的松子，蓋上鍋蓋，以極小火烘烤約10分鐘。

6 打開鍋蓋，用叉子在麵團上戳出幾個小洞，撒上剝成小塊的藍紋起司後，維持開蓋的狀態繼續烘烤約10分鐘。

7 直接在平底鍋中放涼。最後，淋上裝飾用的蜂蜜就完成了！

№11

蜂蜜全麥餅乾

這是道非常簡單的全麥餅乾。咀嚼時，口中會散發出蜂蜜的獨特香味。
也很適合代替麵包，在早餐的時候品嘗。沾上馬斯卡彭起司增添奶香，也很美味。

材料 （平底鍋底部直徑約16公分，一鍋的分量）

奶油……40克
蜂蜜……1大匙
牛奶……1大匙
細砂糖……1大匙
低筋麵粉……80克（可以一半分量改用全麥麵粉）
粗粒全麥麵粉（graham flour）……15克
泡打粉……1/3小匙
鹽……一撮
馬斯卡彭起司（依個人喜好添加）……適量

做法

1　奶油放入平底鍋，開中火。奶油開始融化後盡快關火，用鍋中的餘熱融化奶油。

2　奶油放涼至體溫的溫度時，加入蜂蜜、牛奶和細砂糖，用橡皮刮刀攪拌均勻。

3　將低筋麵粉、粗粒全麥麵粉、泡打粉和鹽一邊過篩一邊加入鍋中，並用像切東西般的手勢拌勻材料。

4　所有材料拌勻後，用手指把麵團推平，中央稍微推薄一點。

5　蓋上鍋蓋，以極小火烘烤麵團約10分鐘左右後，打開鍋蓋並用叉子戳出幾個小洞，再繼續烘烤約10分鐘。

6　直接在平底鍋中放涼。最後依個人喜好，沾馬斯卡彭起司食用。

薑味餅乾

即使沒有生薑粉，也可以使用生薑泥，
加入風味濃郁的砂糖，呈現出樸實的甜味是這道
甜點的重點。
完成一道口味懷舊、令人放鬆的古早味餅乾。

材料 （平底鍋底部直徑約16公分，一鍋的分量）

奶油……40克

黑砂糖（或黍砂糖）……30克

生薑泥……1/4～1/2小匙

蛋液……1/2顆蛋

低筋麵粉……100克

泡打粉……1/3小匙

鹽……少許

做法

1　奶油放入平底鍋，開中火。奶油開始融化後請盡快關火，用鍋中的餘熱融化奶油。

2　奶油放涼至體溫的溫度時，加入黑砂糖和薑泥，用橡皮刮刀攪拌均勻後，加入蛋液繼續攪拌。

3　將低筋麵粉、泡打粉和鹽一邊過篩一邊加入鍋中，並用像切東西般的手勢拌勻材料。

4　所有材料拌勻後，用手指把麵團推平，中央稍微推薄一點。

5　蓋上鍋蓋，以極小火烘烤麵團約10分鐘。打開鍋蓋，用叉子在麵團上戳出幾個小洞，維持開蓋的狀態繼續烘烤約10分鐘。

6　直接在平底鍋中放涼。

無花果蘭姆酒香餅乾

（照片上方）

用平底鍋烤出來的餅乾，由於上層較軟，因此餅乾吃起來會有種顆粒氣泡感，是這道甜點的重點。這裡我們使用現磨咖啡粉和無花果乾的種子部分，來製造出這種獨特口感。蘭姆酒的甜香搭配咖啡的焦香，更讓人不禁聯想到南國風情。

材料 （平底鍋底部直徑約16公分，一鍋的分量）

無花果乾……30克

蘭姆酒…… 1 大匙

奶油……40克

黑砂糖……30克

蛋液……1/2顆蛋

低筋麵粉……90克

泡打粉……1/2小匙（2克）

鹽……一撮

咖啡豆（現磨成粉、或直接使用咖啡粉）……1/4小匙

做法

1 將無花果乾用熱水快速燙過，並切成容易入口的大小，淋上蘭姆酒。

2 奶油放入平底鍋，開中火。奶油開始融化後盡快關火，用鍋中的餘熱融化奶油。

3 奶油放涼至體溫的溫度時，加入黑砂糖，用橡皮刮刀攪拌均勻後，加入蛋液繼續攪拌。

4 將低筋麵粉、泡打粉和鹽一邊過篩一邊加入鍋中，並用像切東西般的手勢拌勻材料。完全攪拌均勻後，加入步驟1的蘭姆酒無花果。

5 用手指把麵團推平，中央稍微推薄一點。

6 蓋上鍋蓋，以極小火烘烤麵團約10分鐘後，打開鍋蓋，用叉子在麵團上戳出幾個小洞，維持開蓋的狀態繼續烘烤約10分鐘。

7 直接在平底鍋中放涼。

燕麥餅乾

（照片下方）

這是一道以燕麥棒為靈感的餅乾。隨意撒上水果乾和堅果，就是具有高營養價值的餅乾。製作材料中沒有使用雞蛋，因此可以放入瓶罐中保存。忙碌的每一天，就讓燕麥餅乾成為你的能量補給品吧！

材料 （平底鍋底部直徑約16公分，一鍋的分量）

奶油……45克

黍砂糖……35克

楓糖……1大匙

低筋麵粉……30克

泡打粉……1/3小匙

燕麥片……70克

杏仁片……1大匙

蔓越莓乾……1大匙

南瓜籽……1大匙

做法

1 先把杏仁片放入鍋中煎出香氣。

2 奶油放入平底鍋，開中火。奶油開始融化後盡快關火，用鍋中的餘熱融化奶油。

3 奶油放涼至體溫的溫度時，加入黍砂糖和楓糖，用橡皮刮刀攪拌均勻。

4 將低筋麵粉及泡打粉一邊過篩一邊加入鍋中，燕麥片也加入後，用像切東西般的手勢拌勻材料。

5 所有材料拌勻後，用手指把麵團推平，中央稍微推薄一點。把杏仁片、蔓越莓乾和南瓜籽均勻推入麵團。

6 蓋上鍋蓋，以極小火烘烤麵團約10分鐘，打開鍋蓋，用叉子在麵團上戳出幾個小洞，維持開蓋的狀態繼續烘烤約10分鐘。

7 直接在平底鍋中放涼。

煉乳糖霜抹茶餅乾

餅乾上層因為沒有烤過，顏色較淡，使得抹茶的鮮綠色特別搶眼。在麵團裡混入甘納豆就成為和風點心，這一點也令人開心。

除了煉乳糖霜之外，還能淋上味道醇厚的白巧克力，或是淋上苦味的巧克力也很適合。

材料 （平底鍋底部直徑約16公分，一鍋的分量）

抹茶……1小匙

水……2小匙

奶油……40克

細砂糖……30克

蛋液……1/2顆蛋

低筋麵粉……90克

泡打粉……1/3小匙

〔煉乳糖霜〕

 | 煉乳……1大匙

 | 糖粉……2大匙

做法

1　先把抹茶和水攪拌均勻。

2　奶油放入平底鍋，開中火。奶油開始融化後盡快關火，用鍋中的餘熱融化奶油。

3　奶油放涼至體溫的溫度時，加入細砂糖，用橡皮刮刀攪拌均勻後，加入蛋液繼續攪拌。

4　將步驟1的抹茶加入麵團中，低筋麵粉和泡打粉一邊過篩一邊加入鍋中，並用像切東西般的手勢拌勻材料。

5　所有材料拌勻後，用手指把麵團推平，中央稍微推薄一點。蓋上鍋蓋，以極小火烘烤麵團約10分鐘。

6　打開鍋蓋，用叉子在麵團上戳出幾個小洞後，維持開蓋的狀態繼續烘烤約10分鐘，便直接在平底鍋中放涼。

7　混合煉乳糖霜的所有材料，淋上整片餅乾，等到糖霜乾燥後就完成了。

Part.
2

Frying pan tarts

用平底鍋
烤甜塔

在平底鍋中,也能製作出塔的酥脆變化。有邊、沒邊,一起來做翻轉蘋果塔(Tarte Tatin)!輕鬆完成各種美味的塔類點心,同時享用鮮美餡料和麵團的各種口感。現在就在塔皮上,變化出各種不同的口味吧!

無花果塔

塔類的麵團製作和餅乾一樣，
基本上都是在平底鍋內就能完成。
將砂糖、蛋、粉類材料與軟化後的奶油拌勻，
完成塔皮後，在上頭放上餡料。
只要把邊緣立起來，就會更有塔的樣子。
現在就一起來享受
塔類甜點豐富多樣的各種風情吧！

材料 （平底鍋底部直徑約16公分，一鍋的分量）

奶油……40克

糖粉……30克

蛋液……1/2顆蛋

低筋麵粉……70克

杏仁粉……30克

鹽……一撮

無花果……150克

喜歡的堅果類（本食譜使用炒香的杏仁片、碎開心果）……適量

低筋麵粉（手粉，避免沾黏用）……少量

事前準備

• 奶油放在室溫下軟化。

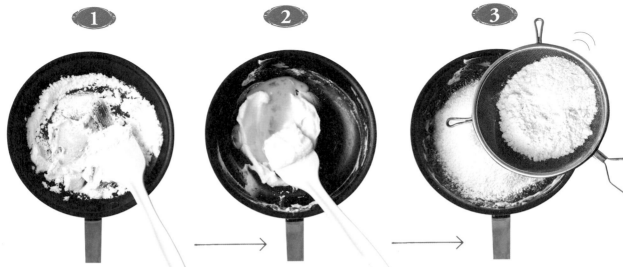

① 混合奶油和糖粉，攪拌均勻

為了讓麵團更好處理，製作塔皮是以軟化的奶油取代融化的奶油。再用橡皮刮刀以按壓的方式拌勻材料。

② 慢慢加入蛋液並持續攪拌

用橡皮刮刀持續攪拌，實際操作上有點難度，但即使材料看似分離也沒關係，只要加入粉類後就能確實混合，因此不需要擔心。

③ 將所有粉類過篩加入鍋中

所有粉類全部過篩加入鍋中。杏仁粉會提升整體香氣，讓麵團的風味更豐富。

④ 用像切東西般的手勢拌勻所有材料

跟做餅乾麵團一樣，只要用橡皮刮刀以切的方式混合材料。為了不讓粉類飛散，盡量緩慢輕巧地攪拌材料。

⑤ 完全拌勻後就完成麵團了

塔皮麵團完成了。相較於餅乾麵團，呈現出油分的質感更為穩定。

冰箱冷藏10分鐘

→

6

用手指推麵團，使之延展成一個圓

從麵團中央推開麵團，使之向外延展。如果是需要烤出邊緣的塔，就用手指壓麵團底部，稍微高出平底鍋底部的邊緣。因為塔皮麵團容易沾黏，請先抹上部分手粉。

7

將無花果排列放入平底鍋

將無花果縱切開，從平底鍋外側開始放入並排列成圓圈。這個塔是屬於折邊類的塔，因此放入無花果時外側必須稍微留白。

8

將邊緣往內折

把剛剛平底鍋底部稍微推高的麵團往內折。如果邊緣太高、太厚會不容易烤透，因此只要稍微立起麵團的邊緣即可，盡可能控制在一公分以內。

→

How to make tart

Finish!

11 | 🔥 極小火 ▶ 冷 卻

打開鍋蓋，烘烤5～10分鐘

用極小火盡可能慢慢地烤，讓整個麵團能夠均勻受熱，注意不要烤焦。烤到麵皮邊緣幾乎沒有透明度時關火，用鍋中的餘熱烤熟整個塔，直到在平底鍋中完全冷卻。若是烤到有點微焦程度，香氣會更明顯，口感也更為酥脆。最後只要撒上喜歡的堅果，就能華麗上桌。

9

把麵皮邊緣捏出摺痕

用手整型往內折的麵皮邊緣，一一捏出摺痕，要注意厚度盡量一致，太厚可能造成部分麵皮無法烤透，因此只要稍微捏一下收緊麵團，讓它愈薄愈好，也要注意不要把麵團捏得太高。

10

🔥 極 小 火

開極小火烘烤15～20分鐘

蓋上鍋蓋，開最小火，慢慢烘烤麵團。盡可能以最小火烘烤，如果火力不容易控制，可以先架上烤網，讓平底鍋和火之間維持一段距離。盡可能用大口徑的爐具擴大烘烤範圍，讓整體都能均勻受熱。

41

法式蘋果塔

把蘋果片排得像玫瑰花瓣一樣的法式蘋果塔。
蘋果和奶味濃厚的鮮奶油，是以諾曼第蘋果塔為靈感的美味組合。
鮮奶油加上蘋果汁，讓口感更為濕潤可口，相當討人喜歡。

材料（平底鍋底部直徑約16公分，一鍋的分量）

奶油……40克

糖粉……30克

蛋液……1/2顆蛋

低筋麵粉……70克

杏仁粉……30克

蘋果（紅玉）…… 1 又1/2顆

〔餡料〕

　　蛋黃……1個

　　酸奶油（或鮮奶油）……90克

　　黍砂糖……30克

　　玉米粉……1小匙

　　蘋果白蘭地（視個人口味添加）……少許

蜂蜜（依喜好添加）……1大匙

低筋麵粉（手粉，避免沾黏用）……少量

事前準備

● 奶油放在室溫下軟化。

做法

1　把奶油和糖粉放入平底鍋，用橡皮刮刀攪拌均勻。

2　加入蛋液繼續攪拌。將低筋麵粉一邊過篩一邊加入鍋中，並用像切東西般的手勢拌勻材料。

3　材料拌勻後，抹上手粉推開麵團，使之延展為一個圓。擠壓麵團邊緣，讓邊緣高出平底鍋底部（1公分以內）。把麵團放入冰箱，冷藏鬆弛約10分鐘。

4　蓋上鍋蓋，開極小火，烘烤麵團約5分鐘左右。

5　蘋果去芯不削皮，縱切成月牙形的薄片。將切好的蘋果片沿著平底鍋的周圍外側，依序排列一圈。

6　把拌勻的餡料倒入步驟5的蘋果片圓圈中央（a）。再將剩下的蘋果片依序排入鍋中（b）。

7　蓋上鍋蓋，以極小火烘烤麵團約15分鐘。最後淋上蜂蜜。

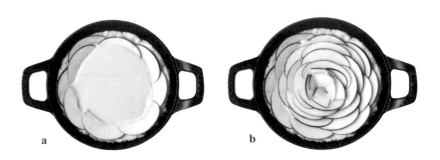

a　　　　　　　b

馬斯卡彭蜜桃塔

這是一個顏色超級夢幻的蜜桃塔！
呈現粉紅色的水蜜桃中心，用檸檬醃製後顏色顯得更加鮮豔。
換成草莓或洋梨這類口感綿密的水果，製作出來的塔也會很好吃，
但選用草莓和洋梨製作時，則不需要先醃製水果。

材料 （平底鍋底部直徑約16公分，一鍋的分量）

奶油……30克

糖粉……30克

蛋液……1/2顆蛋

低筋麵粉……60克

杏仁粉……20克

鹽……一撮

〔馬斯卡彭起司鮮奶油〕

　馬斯卡彭起司……100克

　細砂糖……1/2大匙

　蜂蜜……1小匙

　鮮奶油……100毫升

〔醃水蜜桃〕

　水蜜桃……1個

　檸檬汁……1大匙

　細砂糖……1大匙

覆盆子醬……1大匙

糖粉、香葉芹、杏仁片（依個人喜好添加）……各適量

低筋麵粉（手粉，避免沾黏用）……少量

事前準備

● 奶油放在室溫下軟化。

● 水蜜桃切成容易入口的大小，表面塗一層檸檬汁與細砂糖。為了避免接觸空氣，用保鮮膜包好進行醃製。

● 杏仁片用平底鍋炒香。

做法

1　把奶油和糖粉放入平底鍋，用橡皮刮刀攪拌均勻。

2　加入蛋液繼續攪拌。將低筋麵粉、杏仁粉和鹽一邊過篩一邊加入鍋中，並用像切東西般的手勢拌勻材料。

3　材料拌勻後，抹上手粉推開麵團，使之延展為一個圓，填滿平底鍋底部。把麵團放入冰箱，冷藏鬆弛約10分鐘。

4　蓋上鍋蓋，開極小火烘烤麵團約15分鐘後，翻面再烤約5分鐘。然後直接在平底鍋中確實放涼。

5　製作馬斯卡彭起司鮮奶油。在調理盆內放入馬斯卡彭起司、細砂糖和蜂蜜，用打蛋器攪拌材料，再慢慢加入鮮奶油，每次都要拌勻再繼續加。最後打到打蛋器拿起來時尾端挺立，就完成打發鮮奶油了。

6　在步驟4烤好的麵團抹上覆盆子醬，再用湯匙隨意塗上步驟5的打發鮮奶油，把醃好的水蜜桃裝飾在最上方。最後撒上香葉芹和杏仁片，並在塔的邊緣撒上糖粉就完成了。

藍莓乳酪塔

帶有起司鹽味的鮮奶油和藍莓，合奏出屬於大人的滋味。
麵團裡加入罌粟籽和檸檬，微苦的滋味令人印象深刻。
即使不放藍莓，只有鮮奶油和麵團也是一道美味的塔。

材料（平底鍋底部直徑約16公分，一鍋的分量）

奶油……40克

糖粉……30克

蛋液……1/2顆蛋

低筋麵粉……70克

杏仁粉……30克

鹽……一撮

罌粟籽……1小匙

磨碎的檸檬皮……1/2個檸檬的果皮分量

〔鮮奶油〕

　奶油起司……100克

　細砂糖……30克

　鮮奶油……100毫升

藍莓醬……1大匙

藍莓……1盒

磨碎和切片的檸檬皮（依個人喜好添加）……各少許

低筋麵粉（手粉，避免沾黏用）……少量

事前準備

• 奶油和奶油起司放在室溫下軟化。

做法

1　把奶油和糖粉放入平底鍋，用橡皮刮刀攪拌均勻。

2　加入蛋液繼續攪拌。將低筋麵粉、杏仁粉和鹽過篩加入鍋中，用像切東西般的手勢攪拌，再加入罌粟籽和碎檸檬皮與其他材料混合。

3　材料拌勻後，抹上手粉推開麵團，使之延展成為一個圓，並填滿平底鍋底部。如果麵團還會沾黏，就放入冰箱中，冷藏鬆弛約10分鐘。

4　蓋上鍋蓋，開極小火，烘烤麵團約10分鐘。翻面後打開鍋蓋，再烘烤約10分鐘。輕輕取出麵團並放涼。

5　製作鮮奶油。在調理盆內放入奶油起司和細砂糖，用打蛋器攪拌材料。

6　用另一個調理盆打發鮮奶油，至拉起來尾端挺立後，把步驟5的材料放入打發的鮮奶油中。

7　將藍莓醬塗上步驟4的麵皮（**a**），再用湯匙盛上步驟6的打發鮮奶油（**b**），撒上藍莓，最後把碎檸檬皮與切片放在塔上裝飾。

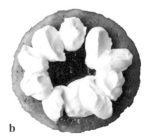

a　　　　　　　b

№ 05

洋梨巧克力塔

麵團與餡料的材料都是巧克力。不過，巧克力下藏著滿滿的洋梨果肉，因此實際吃起來比看上去還要多汁。成品外觀極具衝擊性，也很適合拿來送禮。

材料 （平底鍋底部直徑約16公分，一鍋的分量）

奶油……40克	〔甘納許〕
糖粉……30克	鮮奶油……60毫升
蛋液……1/2顆蛋	巧克力……50克
低筋麵粉……80克	蛋黃……1個
杏仁粉……20克	無糖可可粉（最後裝飾用）……1小匙
無糖可可粉……10克	
洋梨（罐頭）……1個（2片）	低筋麵粉（手粉，避免沾黏用）……少量

事前準備

● 奶油放在室溫下軟化。

做法

1 把奶油和糖粉放入平底鍋，用橡皮刮刀攪拌均勻備用。

2 加入蛋液繼續攪拌。將低筋麵粉、杏仁粉和可可粉，一邊過篩一邊加入鍋中，並用像切東西般的手勢拌勻材料。

3 材料拌勻後，抹上手粉推開麵團，使之延展為一個圓，用手指壓麵團邊緣，讓它沿著鍋邊稍微高出（1公分以內）。把麵團放入冰箱，冷藏鬆弛約10分鐘。

4 蓋上鍋蓋，開極小火烘烤15～20分鐘。

5 將其中一半的洋梨切成5公釐的薄片，切好後維持洋梨原形不要弄散，以刮平刀鏟起切好片的洋梨片，倒放在步驟4的麵團上。③

6 製作甘納許。鮮奶油加熱，煮沸前關火。加入切碎的巧克力和蛋黃，攪拌至融化並混合材料。

7 把步驟6的甘納許緩緩注入步驟5的塔皮上，蓋上鍋蓋以極小火烘烤約10分鐘，打開鍋蓋並直接放涼。上桌前用濾茶網撒上可可粉。冰過後更好吃。

③ 如照片中倒放後的西洋梨層層相疊，呈現洋梨形狀。另一半則切丁，均勻撒上整個塔。

№ 06

香橙焦糖塔

最能凸顯橙皮的回甘苦味，莫過於令人安心的國產柳橙品種。至於焦糖只要買市售的現成焦糖淋上即可。焦糖細緻的甜味搭配柳橙和杏仁非常適合，輕輕鬆鬆就能做出道地口味。

材料 （平底鍋底部直徑約16公分，一鍋的分量）

柳橙……2個	蛋液……1/2顆蛋
細砂糖……50克	低筋麵粉……70克
水……100毫升	杏仁粉……30克
香橙干邑甜酒……1大匙	市售焦糖……3粒
奶油……40克	杏仁片……1大匙
糖粉……30克	低筋麵粉（手粉，避免沾黏用）……少量

事前準備

● 奶油放在室溫下軟化。
● 杏仁片用平底鍋炒香。

做法

1 取一只小鍋子，放入洗好切片的柳橙、細砂糖和水，開中火煮到柳橙的中果皮（白色海綿狀）部分變透明為止（a）。倒入香橙干邑甜酒以增加香氣。

2 把奶油和糖粉放入平底鍋中，用橡皮刮刀攪拌均勻。

3 加入蛋液繼續攪拌。將低筋麵粉與杏仁粉一邊過篩一邊加入鍋中，並用像切東西般的手勢拌勻材料。

4 材料拌勻後，抹上手粉推開麵團，使之延展為一個圓，並填滿平底鍋底部。如果麵團還會沾黏，就放入冰箱中，冷藏鬆弛約10分鐘。

5 蓋上鍋蓋，開極小火，烘烤麵團約15分鐘。

6 把步驟1煮好的柳橙片放上塔皮，撒上切碎的焦糖，不蓋鍋蓋烘烤約10分鐘。直接在平底鍋中放涼，最後撒上杏仁片就完成了。

a

№07

翻轉蘋果塔

法國傳統的翻轉蘋果塔，也可以用平底鍋製作。
用融化的奶油製作出來的簡單塔皮，甜度適中還有酥脆的口感。焦糖蘋果的甜度，
更能凸顯層次分明的美味。可以搭配打發鮮奶油或香草冰淇淋一起享用。

材料 （平底鍋底部直徑約16公分，一鍋的分量）

〔焦糖蘋果〕
蘋果（紅玉）……3～4顆

做法

1 製作焦糖蘋果。蘋果削皮去芯，切成八等分的月牙片。

2 製作焦糖。平底鍋裡放入細砂糖80克，開中火後慢煮。
直到顏色變深焦化上色
下的細砂糖（20克），再慢
果均勻上色。

片，讓蘋果片上下交錯排列
～10分鐘，打開鍋蓋後再煮
接在平底鍋中放涼。

底鍋融化奶油。

高筋麵粉、細砂糖、鹽和泡
均勻攪拌所有材料。

奶油，加入步驟5的調理盆
大範圍攪拌，再用手輕拌直
加入水一邊攪拌，將細碎的

以擀麵棍將麵團擀成直徑

步驟4使用的平底鍋，蓋上鍋
。如果烘烤時塔皮沒有上
分鐘烤至微焦。翻面後，不

步驟8的塔皮和盤子，把整
皮的同時也盛入盤子（平
分離蘋果，若發生這個狀
解決）。

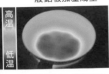

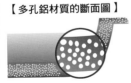

Frying pan cakes

用平底鍋
烤蛋糕

用平底鍋烤出來的蛋糕口感蓬鬆、濕潤，不管是用鮮奶油裝飾烤好的蛋糕，或是翻面後享用烤過的那一面，都呈現出各種不同樣貌。書裡會介紹一些基本的蛋糕，大家也可加以變化，一起來試看看！

№ 01

香蕉蛋糕

首先，試試最基本的香蕉蛋糕吧！
製作麵團時會使用調理盆，
與使用烤箱時所做的麵團幾乎沒有什麼差別。
只要利用大、小平底鍋，
就能掌握「翻面」的訣竅。

材料 （平底鍋底部直徑約16公分，一鍋的分量）

香蕉……1根	〔配料〕
奶油……100克	鮮奶油……100毫升
黍砂糖……80克	細砂糖……1/2大匙
蛋……2個	香蕉……1根
低筋麵粉……130克	黍砂糖……1小匙
泡打粉……少於1小匙（3克）	蘭姆酒……少許
鹽……一撮	核桃……2大匙

事前準備

• 奶油放在室溫下軟化。
• 蛋退冰至室溫。
• 依照下方圖示折好料理紙，鋪在平底鍋裡。

將料理紙裁切成比平底鍋尺寸略大的正方形，依照 **1 ～ 4** 的順序折好。

剪掉多出來的三角形部分。

三角形兩側會成為圓周部分，往內剪開5公分。

攤開料理紙就完成了。

香蕉去皮搗成泥狀

使用在麵團的 1 根香蕉，用叉子或橡皮刮刀搗成香蕉泥，因為果泥容易變色，從步驟 2 開始要加快製作速度。

在調理盆內混合奶油和黍砂糖

與製作塔皮一樣，為了讓麵團更好處理，以軟化的奶油取代融化的奶油。黍砂糖較不易融化，請使用打蛋器來攪拌。

慢慢加入蛋液

蛋打好之後，分 3～4 次慢慢加入材料中，每次加蛋液時都用打蛋器盡量混合材料後再下一次。即使沒有完全混合，加入粉類材料後就會混合了，所以不用擔心。

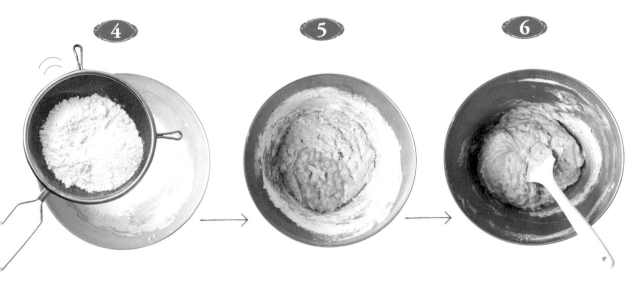

取一半分量的粉類過篩加入調理盆

把一半的粉類，包括低筋麵粉、泡打粉和鹽，一邊過篩一邊加入調理盆，這裡請用打蛋器確實混合均勻。

加入香蕉泥並攪拌均勻

把攪拌工具換成橡皮刮刀，加入剛剛搗好的香蕉泥。從底部大範圍地把麵團從下而上翻攪，均勻混合材料。請注意不要去揉麵團。

拌勻其他粉類

把剩下的另一半粉類全部篩入調理盆，用橡皮刮刀用像切東西般的手勢拌勻材料。

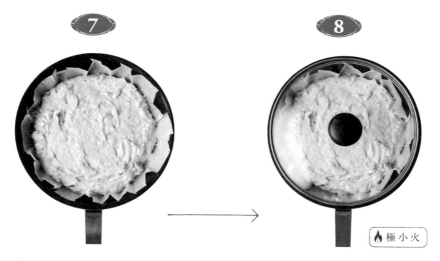

7

倒入平底鍋

把拌好的麵團倒入鋪好料理紙的平底鍋,用橡皮刮刀抹平表面。

8

 極 小 火

用極小火烤15～20分鐘

蓋上鍋蓋,放上口徑較大的爐口,開小火慢慢烘烤。盡可能以最小火進行烘烤。如果火力不好控制,可以在火上先架上烤網,讓平底鍋和火之間維持一定距離。

9 極 小 火

麵團表面烤乾了再打開鍋蓋

如果要等到麵團中間也全烤乾會焦掉。因為翻面後還要繼續烘烤,所以翻面時若麵團中間稍微有晃動的狀態也沒關係。

10

利用大平底鍋翻面

在小平底鍋上覆蓋大平底鍋,直接翻面。把翻面後在上方的小平底鍋拿開,是翻面不失敗的訣竅。翻好面後,撕下料理紙。

Finish!

13

裝飾配料

裝飾用的香蕉切成圓片，裹上黍砂糖和蘭姆酒。把香蕉和碎核桃撒在鮮奶油上就完成了！這個香蕉蛋糕就算沒有配料也很好吃。

11

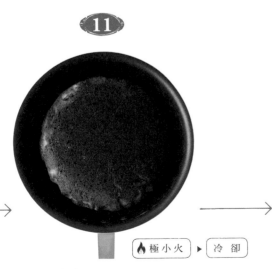

🔥 極小火 ▶ 冷 卻

烘烤反面

仔細烤到你擔心可能會烤焦的程度，最是好吃！不蓋鍋蓋，直接烘烤 5～10 分鐘。放涼後取出蛋糕體，讓蛋糕確實冷卻。

12

塗上鮮奶油

在配料用的鮮奶油裡加入細砂糖，打發鮮奶油到七分左右（呈現糊狀，舀起鮮奶油時會往下滑落）。如果在蛋糕還有熱度時放上打發鮮奶油會化掉，所以必須等步驟 11 的蛋糕確實放涼後，再拿湯匙以拍打的方式塗上鮮奶油。

紅蘿蔔蛋糕

把蛋糕烤得稍微柔軟Q彈，這款紅蘿蔔蛋糕口味相當濃郁。
塗上奶油起司口味的糖霜，小孩子也能開心吃。
家裡如果有攪拌機，可以試試看更輕鬆的做法❶

材料（平底鍋底部直徑約16公分，一鍋的分量）

紅蘿蔔……2小根（約200克）
低筋麵粉……160克
黍砂糖……100克
杏仁粉……40克
小蘇打粉……2/3小匙
肉桂粉……1/2小匙
蛋……2個
食用油（如太白芝麻油④等）……6大匙
核桃……60克
〔奶油起司糖霜〕
　奶油起司……100克
　糖粉……60克
　奶油……30克
　核桃（裝飾用）……適量

事前準備

• 奶油起司和奶油放在室溫下軟化。
• 依照54頁的步驟準備料理紙，鋪在平底
　鍋裡。

④ 一種完全未經焙炒、味道與顏色極淡的芝麻油。

做法 ❶

1　把紅蘿蔔磨成泥狀。

2　在調理盆內放入低筋麵粉、黍砂糖、杏仁
　粉、小蘇打粉和肉桂粉，用打蛋器混合
　材料。

3　在步驟2的正中央慢慢加入打散的蛋液、
　食用油和步驟1的紅蘿蔔泥，慢慢攪拌
　混合後，再加入核桃拌勻。

4　倒入平底鍋，蓋上鍋蓋，用極小火烘烤約
　20分鐘。周圍開始凝固後關火，不要打
　開鍋蓋，用鍋中的餘熱繼續烘烤大約10
　分鐘。

5　打開鍋蓋後，將蛋糕體直接在平底鍋內放
　涼。

6　製作奶油起司糖霜。把奶油起司放入小調
　理盆裡攪拌至柔軟的泥狀，再依序加入
　糖粉、奶油拌勻。

7　把步驟6的糖霜隨興抹在步驟5的蛋糕上
　就完成了。最後撒上裝飾用的核桃。

做法 ❷

1　把切小塊的紅蘿蔔、蛋和食用油放入攪拌
　機，打成糊狀。

2　在調理盆內放入低筋麵粉、黍砂糖、杏仁
　粉、小蘇打粉和肉桂粉，用打蛋器以畫
　圈圈方式混合材料。

3　在步驟2的麵糊中央慢慢倒入步驟1，慢
　慢混合。完全攪拌均勻後，再加入核桃
　拌勻。

4　烤法和最後裝飾參考做法❶。

 № 03

紐約起司蛋糕

平底鍋最能表現出用水浴法⑤烤出來的濕潤蛋糕。因此，起司蛋糕很適合用平底鍋製作。做好的起司蛋糕放在冰箱冷藏一天後，口感更為扎實濕潤，非常好吃！

材料
（平底鍋底部直徑約16公分，一鍋的分量）

奶油……25克
奶油起司……200克
鮮奶油……90毫升
香草豆莢……1/3根
細砂糖……60克
蛋……1個
蛋黃……1個
低筋麵粉……1大匙
麥片……20克

事前準備

● 奶油起司退冰至室溫。
● 香草豆莢從頂端至尾端劃開，放入細砂糖，刮下香草籽與砂糖混合。放置一段時間，等到香氣附著後，剔除豆莢。
● 依照54頁的步驟準備料理紙。

⑤ 將要加熱的蛋糕麵糊倒入模具中，再將模具放於加水的烤盤（或外鍋）中，加熱烘烤。

做法

1 將奶油放入平底鍋中，開中火。奶油開始融化後盡快關火，用鍋中的餘熱融化奶油，並在平底鍋中放涼。

2 在調理盆內放入奶油起司、鮮奶油和含有香草籽的細砂糖，用打蛋器打到滑順。再加入打散的全蛋和蛋黃，將所有材料攪拌均勻備用。

3 加入步驟1融化的奶油後，篩入低筋麵粉，用像切東西般的手勢拌勻。

4 用廚房紙巾擦拭平底鍋，之後鋪上料理紙。

5 把步驟3的麵糊倒入平底鍋，蓋上鍋蓋以小火烘烤約15分鐘。

6 等到表面大致烘乾後關火，不要打開鍋蓋，用鍋中的餘熱蒸約20分鐘。

7 整鍋（含鍋蓋）一起放進冰箱，冷藏30分鐘以上。上桌前，撒上麥片就完成了。

 № 04

蘭姆酒香咖啡
起司蛋糕

濃濃大人口味的酒香起司蛋糕。在蛋糕表面淋上濃
郁的咖啡,完成後更添戲劇性。在咖啡裡加一些肉
桂粉,則呈現出全新的香氣與口味。

材料 (平底鍋底部直徑約16公分,一鍋的分量)

同「紐約起司蛋糕」(左頁)
除了香草豆莢的所有材料……全分量
葡萄乾……20克
蘭姆酒……1大匙
市售的黑可可餅乾
(每塊夾心餅乾算2枚,去除奶油夾心)……6枚
即溶咖啡粉……2小匙
熱水……1/2小匙

事前準備

● 將葡萄乾先用熱水燙過,擠乾水分後用
蘭姆酒浸泡。

● 依照54頁的步驟準備料理紙,鋪在平底
鍋裡。

做法

1　製作麵糊,同「紐約起司蛋糕」的事前
準備和做法1～3,完成後加入蘭姆葡
萄乾。

2　在平底鍋內並排鋪上黑可可餅乾,倒入
步驟1的麵糊。

3　用材料中的熱水沖泡即溶咖啡粉,淋上
步驟2的麵糊。像「紐約起司蛋糕」一
樣,烘烤蛋糕並冷卻。

法式經典巧克力蛋糕

這個蛋糕使用的麵粉較少，因此口感相當濕潤。
因為食譜中用了滿滿的巧克力，所以我想用品質比較好的巧克力來製作，
這裡選擇法芙娜（VALRHONA）的「瓜納拉（Guanaja）」70％苦甜巧克力，
以微苦的味道來凸顯這道甜點特色。

材料 （平底鍋底部直徑約16公分，一鍋的分量）

巧克力（苦味）……120克
奶油……100克
蛋……2個
細砂糖……50克
低筋麵粉……20克
〔配料〕
　鮮奶油……100毫升
　細砂糖……1/2大匙
　白蘭地（依個人喜好添加）……少許

事前準備

• 依照54頁的步驟準備料理紙，鋪在
　平底鍋裡。

做法

1　把巧克力切碎，與奶油一起放入耐熱調理盆，隔水加熱融化巧克力和奶油（**a**）。

2　把全蛋分出蛋白和蛋黃。蛋黃放入調理盆用打蛋器攪打，加入1/4分量的細砂糖一起攪拌。打到蛋黃顏色變淡後，倒入步驟1的巧克力和奶油的調理盆中，將兩者拌勻。

3　把蛋白倒入另一個新的調理盆中，以手持式攪拌機打到蛋白霜往下落牽絲的狀態。先慢慢加入剩下的細砂糖，繼續打發蛋白霜，直到拉起來尾端挺立就完成了（**b**）。

4　在步驟2的調理盆內加入一半分量的步驟3，用打蛋器拌勻。再加入剩下另一半的步驟3，改以橡皮刮刀用像切東西般的手勢拌勻。

5　把低筋麵粉過篩入調理盆，一樣用像切東西般的手勢拌勻。

6　將拌勻的麵糊倒入平底鍋中，蓋上鍋蓋，用極小火烘烤約20分鐘。周圍開始凝固後就關火，不要打開鍋蓋，用鍋中的餘熱蒸大概10分鐘，蛋糕直接放在鍋中冷卻。

7　如果蛋糕沒烤透，再鋪上一層料理紙，拿更大的平底鍋覆蓋後，把蛋糕翻面再繼續烘烤約5分鐘。

8　把配料的所有材料打到發泡，搭配蛋糕享用。

a
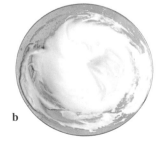
b

N⁰ 06

焦糖香蕉巧克力蛋糕

在法式經典巧克力蛋糕上做一點變化。

這邊要活用的是加熱過後軟綿綿、味道又甜的香蕉。

焦糖香蕉換成甘煮過後的蜜金橘（又稱金柑、金棗）、

冷凍覆盆子或柑橘醬，也很好吃。

材料 （平底鍋底部直徑約16公分，一鍋的分量）

同「法式經典巧克力蛋糕」（62頁）的材料

〔焦糖香蕉〕

香蕉……1大根

細砂糖……2大匙

水……1小匙

蘭姆酒……1又1/2大匙

事前準備

● 依照54頁的步驟準備料理紙，鋪在平底鍋裡。

做法

1　製作焦糖香蕉。香蕉切圓片，每片厚度約1公分左右。

2　盡量大範圍的將細砂糖撒入平底鍋，加入水，開大火慢煮。

3　糖會從邊緣開始變色，等到焦化顏色變深後，加入步驟1的香蕉片，轉小火翻炒。倒入蘭姆酒，繼續翻炒讓香蕉片都能裹上焦糖和蘭姆酒（**a**）。

4　依照「法式經典巧克力蛋糕」（62頁）的事前準備和步驟1～5製作麵糊，用同樣的方式烤好蛋糕。

a
把細砂糖煮到焦化
（燒焦前一刻），成
為微苦的焦糖。

鳳梨翻轉蛋糕

這個蛋糕的做法雖然有點費工，但一端上桌，聽到大家的歡呼聲就令人非常開心！
麵糊裡加入爽口的優格，與鳳梨巧妙融合，讓滋味更上一層樓。
翻面的時候不要太過小心翼翼，一口氣翻面是成功關鍵。

材料 （平底鍋底部直徑約16公分，一鍋的分量）

〔焦糖鳳梨〕
鳳梨切片（罐頭）……4片
細砂糖……5大匙
水……1大匙
蜂蜜……1小匙
核桃……7粒
〔麵糊〕
鳳梨切片（罐頭）……2片
奶油……50克
細砂糖……80克
蛋……2個
低筋麵粉……100克
泡打粉……少於1小匙（3克）
原味優格……100克
磨碎的檸檬皮……少許

事前準備

● 瀝除優格中的水分，至少30分鐘以上，瀝到剩下50公克左右。
● 奶油放在室溫下軟化。
● 蛋退冰至室溫。

做法

1. 製作焦糖鳳梨。留下一片完整的鳳梨片，其他都對半切開。

2. 平底鍋裡放入細砂糖和水，開中火後慢煮。融化後稍微攪拌一下，加入蜂蜜，以鍋鏟混合鍋內材料。等到焦化顏色變深後（a），拿濕布罩住鍋子底部降溫。

3. 將完整的那片鳳梨放在鍋子中央，其他切開的鳳梨片則鋪排在周圍，把核桃塞入鳳梨片的間隙（b）。

4. 製作麵糊。鳳梨切丁，每塊約1公分左右。

5. 在調理盆內放入奶油和細砂糖，用打蛋器攪拌均勻。慢慢加入打散的蛋液，每次都攪拌均勻後，再加下一次。

6. 取一半的低筋麵粉與泡打粉，篩入步驟5的調理盆，用打蛋器攪拌均勻。

7. 加入瀝過水的優格，把另一半的粉類材料都篩入，換成橡皮刮刀用像切東西般的手勢拌勻。最後把步驟4的鳳梨丁和碎檸檬皮加入麵糊拌勻。

8. 把步驟7完成的麵糊倒入平底鍋，用極小火烘烤約20分鐘，拿大一點的平底鍋覆蓋在小平底鍋上翻面，拿開上方的平底鍋（不加鍋蓋）再烤約5分鐘。

a　　　b

柿子蘋果翻轉蛋糕

這是一款充滿和風的翻轉蛋糕。

同時加入蘋果和柿子，或是只放一種水果，所做出來的蛋糕都很美味。

要注意的是，如果選用柿子，必須挑選全熟的，因為成熟柿子的綿軟果肉和焦糖最合味。

這款蛋糕還加入白味噌提味，讓蛋糕體的味道更為濃郁。

也可以直接依照「鳳梨翻轉蛋糕」來製作麵糊。

材料 （平底鍋底部直徑約16公分，一鍋的分量）

〔焦糖蘋果、柿子〕

蘋果（小，紅玉）……1顆

柿子（大）……1個

※若只使用其中一種水果，則用2顆

細砂糖……5大匙

水……1大匙

〔麵糊〕

奶油……50克

黍砂糖……80克

白味噌（如果有）……2小匙

磨碎的香橙皮……少許

蛋……2個

低筋麵粉……100克

泡打粉……1/2小匙（2克）

原味優格……100克

事前準備

● 瀝除優格中的水分，至少30分鐘以上，瀝到剩下50公克左右。

● 奶油放在室溫下軟化。

● 蛋退冰至室溫。

做法

1 製作焦糖蘋果、柿子。蘋果、柿子削皮去芯，切成八等分的月牙片。

2 平底鍋內放入細砂糖和水，開中火慢煮。等到焦化顏色變深後（a），拿濕布罩住鍋子底部降溫。將步驟1的水果鋪排入鍋中（b）。

3 製作麵糊。在調理盆內放入奶油、黍砂糖、白味噌和碎香橙皮，用打蛋器攪拌材料，再慢慢加入打散的蛋液，每次都攪拌均勻後再繼續加。

4 取一半的低筋麵粉與泡打粉，篩入調理盆，用打蛋器確實攪拌均勻。

5 加入瀝過水的優格，篩入另一半的粉類材料，換成橡皮刮刀用像切東西般的手勢拌勻。

6 混合好的麵糊倒入平底鍋，用極小火烘烤約20分鐘，拿大一點的平底鍋覆蓋在小平底鍋上翻面，拿開上方的平底鍋（不加鍋蓋）再烤約5分鐘。

a　　　　　b

№ 09

栗子蛋糕

用市售的栗子奶油和栗子渋皮煮⑥製作而成，是一款口味濃厚的栗子蛋糕。
食譜中幾乎用掉一整罐左右的栗子奶油，蛋糕頂端也搭配用栗子做的輕盈鮮奶油。
這種栗子蛋糕在一年中任何時候都能製作，
而整體卻充滿秋天的氣息，更是令人點頭稱讚的美味。

材料（平底鍋底部直徑約16公分，一鍋的分量）

栗子奶油（**a**）……160克

奶油……100克

黍砂糖……2大匙

蛋……2個

低筋麵粉……90克

泡打粉……1/2小匙（2克）

玉米粉……20克

栗子渋皮煮……80克

〔配料〕

　栗子奶油……1罐罐頭剩下的量（或70克左右）

　鮮奶油……100毫升

　栗子渋皮煮、開心果（視個人口味添加）……各適量

事前準備

● 奶油放在室溫下軟化。

● 蛋退冰至室溫。

● 依照54頁的步驟準備料理紙，鋪在平底鍋裡。

⑥渋皮煮：類似糖煮栗子，做法同法國的糖漬栗子。只剝開栗子硬殼，保留內皮，反覆煮到皮變薄了再加糖熬煮而成。

做法

1　在調理盆內放入栗子奶油、奶油和黍砂糖，用打蛋器攪拌材料。

2　慢慢加入打散的蛋液，每次都攪拌均勻後再繼續加入。

3　將低筋麵粉、泡打粉和玉米粉一邊過篩一邊加入鍋中，並用像切東西般的手勢拌勻材料。加入切碎的栗子渋皮煮並拌勻。

4　倒入平底鍋，用極小火烘烤約20分鐘，拿大一點的平底鍋覆蓋在小平底鍋上翻面，拿開上方的平底鍋（不加鍋蓋）再烤約5分鐘。

5　把配料裡的栗子奶油慢慢加入鮮奶油中，每次都用打蛋器攪拌混合過再繼續加入。大量抹在步驟4做好的蛋糕體上，最後撒上切碎的栗子渋皮煮和開心果就完成了。

a
一般市面上常見的兩個品牌都是法國製，包括：SABATON（250g）和Bonne Maman（225g），可以調整配料的分量用完整罐。

葡萄柚芒果克拉芙緹

Q彈又美味克拉芙緹，偏甜的蛋糕體，搭配可以平衡酸味與苦味的美味內餡，最是誘人。

吃起來口感酸甜的葡萄柚，相當適合用來製作克拉芙緹。

不只水分飽滿，搭配果乾充分讓果乾吸收葡萄柚的水分，呈現剛剛好的美妙滋味。

在平底鍋裡塗上奶油和細砂糖，脆脆的部分也相當可口！

材料 （平底鍋底部直徑約16公分，一鍋的分量）

葡萄柚……1個（這裡使用半個白肉、半個紅肉）

細砂糖……60克

芒果乾……25克

蛋……1個

蛋黃……1個

牛奶……250毫升

低筋麵粉……50克

〔A〕

奶油……1大匙

細砂糖……2大匙

事前準備

* 在平底鍋內均勻塗抹A的奶油，把細砂糖撒滿整個鍋子直到鍋緣。

做法

1　切掉葡萄柚的頂部和底部，把外側果皮連同內側薄皮一起剝除。用刀子插入薄皮和果肉之間，取下一瓣一瓣的果肉。

2　在大尺寸的平底鍋裡放入一半分量的細砂糖，開中火。砂糖融化後攪拌一下，等到焦化顏色變深後，加入步驟1的葡萄柚，煮熬果汁。把切碎的芒果乾加進去拌一拌（a）。

3　在調理盆裡放入蛋、蛋黃和牛奶，攪拌混合拌勻。

4　拿另一個調理盆，倒入過篩的低筋麵粉和另一半剩下的細砂糖拌勻，慢慢加入步驟3，每次都攪拌均勻後再倒下一次，製作麵糊。

5　在平底鍋內倒入步驟4的麵糊，蓋上鍋蓋烘烤約5分鐘左右。淋上步驟2的水果糖漿，再次蓋上鍋蓋烘烤大約15分鐘。

a

楓糖南瓜蛋糕

使用融化的奶油所製作的樸實蛋糕。
內斂的甜度烘托出南瓜溫和的滋味，熱呼呼鬆軟軟。
加入酸奶油，使得蛋糕口感濕潤輕盈。
趁熱塗上楓糖，讓糖漿滲入蛋糕體也很美味。

材料 （平底鍋底部直徑約16公分，一鍋的分量）

南瓜……100克

楓糖（南瓜用）……2大匙

奶油……100克

楓糖……50毫升

蛋……1個

黍砂糖……60克

酸奶油……90克

低筋麵粉……150克

小蘇打粉……1/2小匙

肉桂粉、糖粉……各適量

事前準備

- 蛋退冰至室溫。
- 依照54頁的步驟準備料理紙，鋪在平底鍋裡。

做法

1　南瓜去籽後，放入微波爐加熱約4分鐘。切成一口大小，把南瓜用的楓糖加進去攪拌混合（**a**）。

2　把奶油和楓糖放入耐熱調理盆，用保鮮膜封口，放入微波爐加熱約1分鐘，使奶油融化。打開保鮮膜，用打蛋器攪拌混合後放涼。

3　拿另一個調理盆，加入蛋和黍砂糖，用打蛋器攪打直到黍砂糖融化。

4　加入步驟2後迅速混合，再加入酸奶油攪拌均勻。

5　把低筋麵粉和小蘇打粉一起過篩，加入調理盆，拿橡皮刮刀從麵糊底部往上翻，重複動作直到拌勻。

6　將攪拌好的麵糊倒入平底鍋，撒上步驟1的楓糖南瓜，蓋上鍋蓋以極小火烘烤15分鐘後，拿大一點的鍋子蓋在鍋子上面翻面，拿開上方的平底鍋（不加鍋蓋）再烤約5分鐘。放涼後，撒上肉桂和糖粉就完成了。

a

香橙糖霜蛋糕

不管是蛋糕體或糖霜，都使用大量香橙汁，是非常爽口的一款蛋糕。
蒸烤出來的蛋糕口感非常濕潤，因此和沙沙脆脆、有咬勁的糖霜非常契合。
如果沒有香橙，也可以改用檸檬或萊姆替代。

材料 （平底鍋底部直徑約16公分，一鍋的分量）

奶油……100克

黍砂糖……90克

蛋……2個

低筋麵粉……110克

泡打粉……1/2小匙（2克）

香橙汁……2小匙

磨碎的香橙皮……少許

〔香橙糖霜〕

糖粉……70克

香橙汁……1又1/2小匙

切碎的香橙皮……少許

事前準備

● 蛋退冰至室溫。
● 依照54頁的步驟準備料理紙，鋪在平底鍋裡。

做法

1　在調理盆內放入奶油和黍砂糖，用打蛋器攪拌均勻。

2　慢慢加入打散的蛋液，每次都攪拌均勻後再繼續加。

3　將低筋麵粉與泡打粉，一邊過篩一邊加入鍋中，拿橡皮刮刀用像切東西般的手勢拌勻材料。再加入香橙汁和磨好的香橙皮，充分混合。

4　倒入平底鍋，蓋上鍋蓋烘烤約20分鐘。拿大一點的平底鍋覆蓋在鍋子上翻面，拿開上方的平底鍋（不加鍋蓋）再烤約5分鐘。取出時讓顏色較淺的一方朝上，放涼。

5　製作香橙糖霜。在糖粉裡倒入香橙汁並攪拌均勻（a）。均勻地倒在步驟4的蛋糕體上，等待糖霜乾燥。最後撒上切好的香橙皮做裝飾。

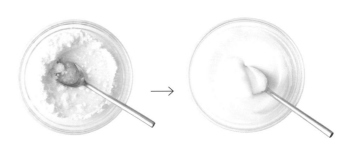

a　先將糖粉倒入容器中，在糖粉中央慢慢倒入果汁，由內向外攪散的方式拌勻。

 №13

烤地瓜費南雪
（生薑口味）

使用大量奶油和杏仁粉，即使放入烤地瓜仍是一道
法式點心。與其剛烤好的時候吃，不如放到隔天再
享用，不僅好吃，更能享受蛋糕令人難以移開雙眼
的潤澤美感。

材料 （平底鍋底部直徑約16公分，一鍋的分量）

奶油……100克
杏仁粉……60克
低筋麵粉……40克
糖粉……75克
蛋白……3顆蛋的分量
楓糖……2大匙
生薑泥……1/3小匙
烤地瓜（小）……2根

事前準備

● 依照54頁的步驟準備料理紙，鋪在平底鍋裡。

做法

1　奶油放入小鍋中，開中火，煮到顏色變茶色，
　　用濾茶網濾過。放在溫暖的環境下，讓奶油保
　　持在溫熱狀態。

2　在調理盆內篩入杏仁粉和低筋麵粉，加入糖粉
　　後用打蛋器大致攪拌一下。

3　用打蛋器持續攪拌，慢慢加入蛋白並拌勻全部
　　材料。加入步驟1的奶油、楓糖和生薑泥後拌
　　勻。把麵糊放進冰箱，冷藏鬆弛1小時以上
　　（若不是馬上製作，可放冰箱保存2～3天）。

4　倒入平底鍋，烤地瓜切圓片後排放入鍋中，蓋
　　上鍋蓋用極小火烘烤約20分鐘。烘焙至上色，
　　拿大一點的平底鍋覆蓋後翻面，拿開上方的平
　　底鍋（不加鍋蓋）再烤5～10分鐘。

覆盆子瑪德蓮

沒有模具也能烤出瑪德蓮！瑪德蓮的麵糊融合了
大量的奶油，還有蜂蜜的風味。撒上覆盆子後，
無論是味道或外觀都相當令人驚艷。而這種麵糊
即使什麼都不加，直接烘烤，也一樣美味。

材料 （平底鍋底部直徑約16公分，一鍋的分量）

細砂糖……40克
蛋……1個
牛奶……2小匙
蜂蜜……15克
低筋麵粉……70克
泡打粉……1小匙（4克）
奶油……70克
冷凍覆盆子……30克

事前準備

● 依照54頁的步驟準備料理紙，鋪在平底鍋裡。

做法

1　在調理盆內放入細砂糖和蛋，用打蛋器攪拌材料。

2　加入牛奶和蜂蜜繼續攪拌。

3　把低筋麵粉和泡打粉過篩後加入調理盆，換成橡皮
　　刮刀並用像切東西般的手勢拌勻材料。

4　奶油隔著熱水放入微波爐加熱融化後，加入步驟3
　　的調理盆拌勻。

5　用保鮮膜覆蓋步驟4的麵糊，放入冰箱冷藏鬆弛1小
　　時以上。

6　倒入平底鍋並撒上冷凍覆盆子，蓋上鍋蓋用極小火
　　烘烤15～20分鐘，烤到上色後再覆蓋大一點的平
　　底鍋進行翻面，拿開上方的平底鍋（不加鍋蓋）
　　再烤5～10分鐘。

白蘭地蛋糕

用白蘭地醃漬水果乾,直接混入麵糊後烘烤。
為了讓蛋糕充滿白蘭地的香氣,烤好後讓味道融合兩天後再吃最入味。
花一星期的時間慢慢享用這塊蛋糕吧!
吃的時候,不妨搭配甜度內斂的發泡鮮奶油一起享用。

材料 (平底鍋底部直徑約16公分,一鍋的分量)

奶油……100克
黍砂糖……90克
蛋……2個
杏仁粉……50克
低筋麵粉……70克
泡打粉……1/2小匙(2克)
喜歡的水果乾(無花果、葡萄乾和橙皮等)
……共100克
白蘭地……100毫升
〔配料〕
　鮮奶油……100毫升
　細砂糖……1大匙

事前準備

● 把稍微切過的水果乾放入一半分量的白蘭地中醃漬,醃漬一天以上更入味。
● 奶油放在室溫下軟化。
● 蛋退冰至室溫。
● 依照54頁的步驟準備料理紙,鋪在平底鍋裡。

做法

1 在調理盆內放入奶油和黍砂糖,用打蛋器攪拌材料。

2 慢慢加入打散的蛋液,每次都攪拌均勻後再加下一次。加入杏仁粉攪拌均勻。

3 把低筋麵粉和泡打粉篩入調理盆中,改用橡皮刮刀用像切東西般的手勢攪拌材料。在還沒全部拌勻仍有一些粉的時候,把醃漬好的水果乾連同白蘭地一起加入調理盆,拌勻所有材料。

4 將步驟3的麵糊倒入平底鍋,蓋上鍋蓋烘烤約20分鐘左右。拿大一點的平底鍋覆蓋在鍋子上翻面,拿開上方的平底鍋(不加鍋蓋)再烤約5分鐘。趁熱拿掉料理紙,塗上剩下的白蘭地(**a**)。

5 放涼後用保鮮膜把整塊蛋糕包好(**b**),放入冰箱。隔一兩天後,再拿出蛋糕來享用更好吃。也可以打發配料的材料,搭配蛋糕食用。

a　　　　b

咖啡歐蕾麵包布丁

麵包種類不拘，可以使用切丁的吐司或牛角麵包等，依照個人喜好決定。不過麵包一定要先稍微烤過，會變得更酥脆，是製作這道甜點的重點。完成後不管是熱熱吃，還是冰過，都一樣好吃，也很適合當早餐。

材料 （平底鍋底部直徑約16公分，一鍋的分量）

法式長棍麵包……1/2條	蔓越莓乾……1大匙
即溶咖啡粉……2小匙	白巧克力……適量
熱水……2小匙	胡桃（視個人口味添加）……5粒
蛋……3個	左右
鮮奶油……200毫升	楓糖……1大匙
牛奶……200毫升	
黍砂糖……1大匙	

做法

1　把長棍麵包切片，厚度約1公分左右，烤到酥脆。

2　在調理盆內放入即溶咖啡粉和熱水，讓咖啡粉融化。加入蛋、鮮奶油、牛奶和黍砂糖確實混合後，用篩網過濾。

3　在平底鍋中排列步驟1烤好的麵包後，倒入步驟2。蓋上鍋蓋烘烤約15分鐘。

4　開始凝固後，撒上蔓越莓乾、隨意折斷的白巧克力和胡桃。

5　再次蓋上鍋蓋烘烤約10分鐘，上桌之前淋上楓糖。

 № 17

葡萄蛋糕

市面上連皮一起吃的無籽葡萄愈來愈多，用來製作蛋糕時，也更好處理。葡萄與樸實的杏仁麵糊非常對味，吸飽果汁的蛋糕體，讓美味升級。

材料
（平底鍋底部直徑約16公分，一鍋的分量）

奶油……80克

糖粉……80克

蛋……2個

低筋麵粉……70克

杏仁粉……70克

泡打粉……少於1小匙（3克）

葡萄（無籽可以連皮吃的品種，若沒有就對半切後去籽）……約15粒

杏仁片（依個人喜好添加）……適量

事前準備

● 奶油放在室溫下軟化。

● 蛋退冰至室溫。

● 依照54頁的步驟準備料理紙，鋪在平底鍋裡。

● 杏仁片用平底鍋炒香。

做法

1 在調理盆內放入奶油和糖粉，用打蛋器攪拌材料。

2 慢慢加入打散的蛋，每次都攪拌均勻後再加下一次。

3 將低筋麵粉、杏仁粉和泡打粉過篩入調理盆中，換成橡皮刮刀並用像切東西般的手勢拌勻材料。

4 倒入平底鍋，葡萄切半後有皮的一面接觸鍋子，切口朝上排入鍋中，用極小火烘烤約20分鐘。拿大一點的平底鍋覆蓋在鍋子上翻面，拿開上方的平底鍋（不加鍋蓋）再烤約5分鐘。上桌前撒上杏仁片就完成了。

惡魔蛋糕

這個讓人對巧克力上癮、魅力無法擋的蛋糕,被稱為「惡魔蛋糕」。
看似厚重,但因為麵糊中使用了酸奶油的關係,入口後相當輕盈,
加上帶點苦味的巧克力,相當適合大人的風味。
如果想把奶油抹平,試試看將蛋糕體切成兩半,把上半部翻面即可。

材料 (平底鍋底部直徑約16公分,一鍋的分量)

奶油……100克

黍砂糖……100克

蛋……2個

低筋麵粉……140克

無糖可可粉……15克

泡打粉……少於1小匙 (3克)

酸奶油……90克

〔巧克力鮮奶油〕

　鮮奶油……200毫升

　巧克力……50克

〔配料〕

　融化的巧克力 (視個人口味添加) ……適量

　德國櫻桃酒醃製的酒漬櫻桃 (視個人口味添加)
　……適量

事前準備

- 加熱鮮奶油,煮沸前關火,取其中50毫升加入
  切好的巧克力,確實混合溶解。再慢慢加入剩
  下的鮮奶油,全部融合後放冰箱冷藏一晚。
- 奶油放在室溫下軟化。
- 蛋退冰至室溫。
- 依照54頁的步驟準備料理紙,鋪在平底鍋裡。

做法

1　在調理盆內放入奶油和黍砂糖,用打蛋器
　　攪拌材料。

2　慢慢加入打散的蛋液,每次都攪拌均勻後
　　再加下一次。

3　將一半份量的低筋麵粉、可可粉和泡打
　　粉,過篩後加入鍋中,用打蛋器攪拌混
　　合。加入酸奶油拌勻,再把另一半的粉
　　類材料全部加進去,換成橡皮刮刀用像
　　切東西般的手勢拌勻 (a)。

4　倒入平底鍋,蓋上鍋蓋用極小火烘烤約
　　20分鐘。拿大一點的平底鍋覆蓋在鍋
　　子上翻面,拿開上方的平底鍋 (不加鍋
　　蓋) 再烤約5分鐘。取出蛋糕並放涼。

5　打發巧克力鮮奶油,打到拉起來尾端挺立
　　的狀態。

6　把步驟4的蛋糕體從側面對半切開。下面
　　那一半蛋糕體,先抹上一半分量的巧克
　　力鮮奶油。上半部蛋糕體則切口朝上,
　　疊在下半部的蛋糕上後,抹上另一半的
　　巧克力鮮奶油 (b)。如果你有這些材
　　料,把融化的巧克力淋上去,在蛋糕上
　　放上酒漬櫻桃。

粉類分量很多的美式蛋糕組合,
粉類材料可分兩次加入,第二
次加粉的時候把有水分的食材
夾在中間。

切開 ▶

把上半部翻面,塗
上鮮奶油。

鮮奶油

鮮奶油

手感 × 好感
平底鍋甜點包裝法

輕鬆簡單就能烤出來的平底鍋甜點，如果再加上可愛的包裝，就能拿來送禮了。
如果再讓對方知道「這是我用平底鍋烤出來的」，大家可能都會嚇一跳！
尤其是耶誕節和情人節的時候，不妨使用這一招。

idea 01　把厚紙板切成20公分的正方形，用蠟紙覆蓋，把烤好的平底鍋餅乾放在正中間，再
　　　　放入寬度22公分左右的OPP封口袋。用喜歡的紙當腰封，用繩子打結固定。

idea 02

剪下25公分的包裝紙和料理紙，疊在一起捲成圓錐形。把餅乾切成放射狀的8等分後放入包裝中，用膠帶貼好整個包裝。捏緊上方後，用絲帶類的包材裝飾並綁好。

idea 03

把蛋糕或餅乾切成4～5塊細長的棒狀，剪好尺寸30×15公分的料理紙，把點心放在紙張中央。像糖果包裝一樣，把紙的兩端捲好即可。

idea 04　在市售的防油紙袋（石蠟紙之類）裡，放入大致切過的餅乾或蛋糕。把上半部的其中一邊往內折一個大大的斜邊，另一邊也一樣折好大斜邊（a），重疊的部分在表裡兩面都貼上一張圓形貼紙，用打洞器打一個洞，穿過絲帶等包材做為裝飾。

a

好吃08

免烤箱！平底鍋做出世界級甜點

原著書名／フライパンで作れる まあるいクッキーとタルトとケーキ
原出版社／ワニブックス
作者／若山曜子
譯者／吳亭儀
特約編輯／陳書怡
選書責編／何若文

版權／黃淑敏、翁靜如、邱珮芸
行銷業務／莊英傑、黃崇華、李麗淳
總編輯／何宜珍
總經理／彭之琬
事業群總經理／黃淑貞
發行人／何飛鵬
法律顧問／元禾法律事務所 王子文律師
出版／商周出版
台北市104中山區民生東路二段141號9樓
電話：(02) 2500-7008　傳真：(02) 2500-7759
E-mail：bwp.service@cite.com.tw
Blog：http://bwp25007008.pixnet.net./blog

發行／英屬蓋曼群島商家庭傳媒股份有限公司城邦分公司
台北市104中山區民生東路二段141號2樓
書虫客服專線：(02)2500-7718、(02) 2500-7719
服務時間：週一至週五上午09:30-12:00；下午13:30-17:00
24小時傳真專線：(02) 2500-1990；(02) 2500-1991
劃撥帳號：19863813　戶名：書虫股份有限公司
讀者服務信箱：service@readingclub.com.tw
城邦讀書花園：www.cite.com.tw

香港發行所／城邦(香港)出版集團有限公司
香港灣仔駱克道193號超商業中心1樓
電話：(852) 25086231　傳真：(852) 25789337
E-mailL：hkcite@biznetvigator.com

馬新發行所／城邦(馬新)出版集團【Cité (M) Sdn. Bhd】
41, Jalan Radin Anum, Bandar Baru Sri Petaling,
57000 Kuala Lumpur, Malaysia.
電話：(603)90578822　傳真：(603)90576622
E-mail：cite@cite.com.my

美術設計／蔡惠如
印刷／卡樂彩色製版印刷有限公司
經銷商／聯合發行股份有限公司　電話：(02)2917-8022　傳真：(02)2911-0053

■2019年（民108）9月12日初版
Printed in Taiwan
定價／350元
著作權所有‧翻印必究
ISBN 978-986-477-702-0

城邦讀書花園
www.cite.com.tw

STAFF

攝影／福尾美雪
設計／高橋朱里 菅谷真理子（marusankaku）
造型／澤入美香
構成／北條芽以
助手／細井美波 鈴木真代
校正／玄冬書林
編輯／川上隆子（WANI BOOKS）

材料協力
TOMIZ（富澤商店）
https://tomiz.com/

FRYING PAN DE TSUKURERU MĀRUI COOKIE TO TART TO CAKE
by YOKO WAKAYAMA
Copyright © 2017 YOKO WAKAYAMA
Original Japanese edition published by WANI BOOKS CO., LTD.
All rights reserved
Chinese (in Traditional character only) translation copyright ©
2019 by Business Weekly
Publications, a division of Cite Publishing Ltd.
Chinese (in Traditional character only) translation rights
arranged with
WANI BOOKS CO., LTD. through Bardon-Chinese Media Agency,
Taipei.

國家圖書館出版品預行編目（CIP）資料
免烤箱！平底鍋做出世界級甜點／若山曜子著；吳亭儀
譯. -- 初版. -- 臺北市：商周出版：家庭傳媒城邦分公司發
行, 民108.09
96面 ;18.2×25.7公分. --（好吃；8）
譯自：フライパンで作れる まあるいクッキーとタルトと
ケーキ
ISBN 978-986-477-702-0（平裝）

1.點心食譜
427.16　　　108011919